Abdelhafid Mimouni

Lisina decifrada

Abdelhafid Mimouni

# Lisina decifrada

ScienciaScripts

**Imprint**

Any brand names and product names mentioned in this book are subject to trademark, brand or patent protection and are trademarks or registered trademarks of their respective holders. The use of brand names, product names, common names, trade names, product descriptions etc. even without a particular marking in this work is in no way to be construed to mean that such names may be regarded as unrestricted in respect of trademark and brand protection legislation and could thus be used by anyone.

Cover image: www.ingimage.com

This book is a translation from the original published under ISBN 978-620-6-72017-1.

Publisher:
Sciencia Scripts
is a trademark of
Dodo Books Indian Ocean Ltd. and OmniScriptum S.R.L publishing group

120 High Road, East Finchley, London, N2 9ED, United Kingdom
Str. Armeneasca 28/1, office 1, Chisinau MD-2012, Republic of Moldova, Europe
Printed at: see last page
ISBN: 978-620-8-20214-9

# Lisina decifrada

## Autor:

O Dr. Abdelhafid Mimouni é um investigador independente especializado na química de sistemas bioinorgânicos. Possui uma vasta experiência em síntese e caraterização macromolecular. Obteve o seu doutoramento em química na Universidade de Paris XII em 1997 e um Diplôme des études approfondies em sistemas bioinorgânicos na Universidade de Paris XI em 1993.

## Prefácio

Este livro, *"Lysine Deciphered"*, explora a importância crucial deste aminoácido essencial para o nosso bem-estar. Muitas vezes esquecida, a lisina desempenha um papel central na síntese proteica, na saúde óssea, na formação de colagénio e no apoio ao sistema imunitário. Ao fornecer informações detalhadas sobre as suas funções biológicas, fontes alimentares e consequências da sua deficiência, este guia tem como objetivo esclarecer os leitores sobre a forma como a lisina pode contribuir para uma melhor saúde. Através de conselhos práticos e investigação recente, esperamos ajudar todos a incorporar eficazmente este aminoácido vital na sua dieta diária e a colher os seus muitos benefícios para a saúde.

# ÍNDICE DE CONTEÚDOS

# Introdução

**Introdução à lisina: definição, importância e perspetiva geral**

**Definição de lisina**

A lisina é um aminoácido essencial, o que significa que deve ser obtido a partir dos alimentos, uma vez que o corpo humano não o consegue sintetizar. É um dos nove aminoácidos essenciais para os adultos e um dos dez para as crianças. Enquanto componente-chave das proteínas, a lisina desempenha um papel crucial em muitos processos biológicos.

**Importância da lisina**

A lisina é vital para uma série de funções corporais, incluindo :

- **Síntese proteica**: É um constituinte fundamental das proteínas, contribuindo para a formação e reparação dos tecidos do organismo. A lisina é essencial para o crescimento, a reparação muscular e a produção de enzimas e hormonas.

- **Absorção de cálcio**: A lisina melhora a absorção de cálcio no intestino, contribuindo para ossos e dentes saudáveis.

- **Formação de colagénio**: É necessário para a síntese de colagénio, uma proteína essencial nos tecidos conjuntivos como a pele, os tendões e os ligamentos.

- **Produção de carnitina**: A lisina está envolvida na produção de carnitina, que ajuda a converter os ácidos gordos em energia.

- **Função imunitária**: Apoia o sistema imunitário, favorecendo a produção de anticorpos e reforçando as defesas naturais do organismo.

**Panorama geral**

A lisina encontra-se principalmente nas proteínas animais, como a carne, o peixe e os produtos lácteos. No entanto, também está presente em certas fontes vegetais, embora muitas vezes em menor quantidade. Devido à sua importância em várias funções do organismo, é crucial garantir um aporte suficiente de lisina através da alimentação ou, se necessário, através de suplementos.

**Porquê estudar a lisina? Objectivos do livro**

**Objectivos do estudo sobre a lisina**

O estudo aprofundado da lisina é essencial por várias razões:

- Compreender **as necessidades nutricionais**: Compreender como a lisina contribui para a saúde significa que pode planear melhor a sua dieta para evitar deficiências e otimizar a saúde geral.
- **Gestão da carência**: A identificação dos sintomas da carência de lisina e dos grupos de risco ajuda a pôr em prática estratégias nutricionais adequadas para evitar problemas de saúde relacionados com a carência deste aminoácido.

- **Aplicações médicas**: Conhecer as aplicações médicas da lisina, como a sua utilização no tratamento de infecções por herpes, permite uma melhor compreensão dos seus potenciais benefícios terapêuticos.

- **Otimizar as fontes alimentares**: Aprender a incorporar eficazmente a lisina na dieta diária ajuda a maximizar os seus benefícios, diversificando as fontes nutricionais.

**Objectivos do livro**

O livro tem por objetivo :

1. **Educar sobre a lisina**: Fornecer uma definição clara e pormenorizada da lisina, da sua importância biológica e dos papéis que desempenha no corpo humano.

2. **Explorando as funções biológicas**: Detalhando as várias funções biológicas da lisina, incluindo a síntese de proteínas, a absorção de cálcio, a formação de colagénio e muito mais.

3. **Identificar as fontes alimentares**: apresentar as principais fontes alimentares de lisina, tanto animais como vegetais, e dar conselhos práticos sobre a forma de incorporar estas fontes na alimentação diária.

4. **Lidar com deficiências e riscos**: Descrever as causas e consequências das deficiências de lisina, bem como os grupos de pessoas particularmente em risco.

5. **Discutir aplicações médicas e suplementação**: Examinar as utilizações médicas da lisina, as diferentes formas de suplemento disponíveis e os resultados de estudos clínicos.

6. **Conselhos para uma dieta equilibrada**: fornece conselhos práticos para planear refeições ricas em lisina e receitas fáceis de preparar.

Este livro tem por objetivo fornecer informações completas e acessíveis sobre a lisina, permitindo aos leitores compreender melhor este aminoácido essencial e integrá-lo de forma óptima na sua alimentação e na sua vida quotidiana.

# Capítulo 1: Compreender a lisina

**Definição e estrutura**

**Definição de lisina**

A lisina é um aminoácido essencial, o que significa que não pode ser sintetizado pelo organismo e que, por conseguinte, deve ser obtido a partir dos alimentos. É um dos vinte aminoácidos que constituem as proteínas do corpo humano. Os aminoácidos são as unidades básicas das proteínas, e cada aminoácido desempenha um papel específico na formação e função das proteínas.

**Estrutura química**

A lisina tem a fórmula química $C_6H_{14}N_2O_2$. A sua estrutura química é caracterizada pela presença de :

- **Um Grupo Amino** ($-NH_2$): Este grupo está localizado no final da cadeia de carbono, tornando a lisina básica.
- **Um grupo carboxilo** (-COOH): Este grupo está presente na outra extremidade da cadeia, conferindo à lisina as suas propriedades ácidas.
- **Uma Cadeia Lateral de Amino**: A lisina tem uma cadeia lateral de amina ($-NH_2$) localizada na quarta posição do carbono central. Esta cadeia lateral é o que distingue a lisina de outros aminoácidos.

Visualmente, a estrutura química da lisina é frequentemente representada da seguinte forma:

H2N
|
H2N-C-COOH
|
CH2
|
CH2
|
CH2
|
NH2

**Essencial e Metabolismo**

**Porque é que a lisina é essencial?**

A lisina é classificada como um aminoácido essencial porque o corpo humano não consegue sintetizá-la endogenamente. Por conseguinte, tem de ser ingerida através da alimentação. Sem uma quantidade suficiente de lisina, vários processos biológicos, incluindo a síntese proteica, o crescimento e a reparação dos tecidos, não podem ser corretamente realizados. A carência de lisina pode provocar problemas de crescimento, fadiga e perturbações metabólicas.

**Metabolismo da lisina**

O metabolismo da lisina envolve várias etapas fundamentais:

1. **Absorção intestinal** :

   o Após a ingestão, a lisina é absorvida no intestino delgado. É transportada por transportadores específicos para a membrana celular intestinal e depois libertada na corrente sanguínea.

2. **Transporte e distribuição** :

   o Uma vez no sangue, a lisina é transportada para vários tecidos e órgãos onde é utilizada para a síntese de proteínas e outras funções biológicas. É também armazenada nos músculos e noutros tecidos do corpo.

3. **Utilização e conversão** :

   o Nas células, a lisina é incorporada nas proteínas durante a tradução do ARN mensageiro (ARNm). Desempenha um papel crucial na formação do colagénio e de outras proteínas estruturais.

   o Para além do seu papel na síntese proteica, a lisina é convertida em vários metabolitos. Pode ser convertida em acetil-CoA, um componente-chave do ciclo de Krebs, que contribui para a produção de energia.

4. **Excreção** :

   o O excesso de lisina e os seus metabolitos são excretados principalmente pelos rins na urina. Por conseguinte, a regulação da concentração de lisina no organismo está intimamente ligada à

função renal.

# Capítulo 2: Funções biológicas da lisina

**Síntese proteica**

**Explicação do papel da lisina como um bloco de construção de proteínas**

A lisina desempenha um papel fundamental na síntese proteica como um bloco de construção essencial. As proteínas são constituídas por longas cadeias de aminoácidos que se dobram em estruturas tridimensionais específicas para desempenhar várias funções biológicas. A lisina está integrada nestas cadeias polipeptídicas e é crucial para a formação de proteínas funcionais no organismo.

- **Integração em cadeias polipeptídicas**: Durante a tradução do ARN mensageiro (ARNm) em proteínas, a lisina é adicionada às cadeias polipeptídicas de acordo com o código genético. Utilizando o ARNm como modelo, os ribossomas montam os aminoácidos na ordem especificada para formar as proteínas.

- **Importância no desenvolvimento muscular e na reparação dos tecidos**: A lisina é particularmente importante para o desenvolvimento muscular e para a reparação dos tecidos corporais. Contribui para a formação de proteínas musculares, como a miosina e a actina, que são essenciais para a contração e o crescimento muscular. Além disso, durante a cicatrização de feridas, a lisina ajuda a reconstruir o tecido danificado, fornecendo os aminoácidos necessários para sintetizar as proteínas de reparação.

- **Produção de enzimas e hormonas**: A lisina está envolvida na produção de várias enzimas e hormonas. As enzimas, que são proteínas especializadas, catalisam reacções químicas vitais no organismo. As hormonas, também elas proteínas, regulam vários processos fisiológicos, como o crescimento, o metabolismo e a reprodução.

**Absorção de cálcio**

**Como a lisina melhora a absorção de cálcio no intestino**

A lisina contribui para melhorar a absorção do cálcio no trato gastrointestinal através de vários mecanismos:

- **Aumento da solubilidade do cálcio**: A lisina ajuda a manter o cálcio numa forma solúvel no intestino, facilitando a sua absorção pelas células intestinais.
- **Interação com os transportadores de cálcio**: A lisina pode influenciar a atividade dos transportadores de cálcio nas células intestinais, aumentando assim a eficiência da absorção de cálcio.

**Consequências para a saúde dos ossos e dos dentes**

- **Desenvolvimento e manutenção da saúde óssea**: Ao melhorar a absorção de cálcio, a lisina desempenha um papel crucial no desenvolvimento e manutenção da densidade óssea. O cálcio é um componente importante dos ossos e dos dentes, e uma absorção adequada é essencial para prevenir doenças como a osteoporose.

- **Ligação do cálcio nos ossos** : A lisina ajuda a ligar o cálcio na matriz óssea, contribuindo para a força e resistência dos ossos. Isto reduz o risco de fracturas e promove uma boa saúde óssea a longo prazo.

**Formação de colagénio**

**Papel na síntese de colagénio**

O colagénio é a proteína mais abundante no corpo humano, constituindo cerca de 30% do total das proteínas. A lisina é um componente-chave na formação do colagénio:

- **Hidroxilação da lisina**: No processo de biossíntese do colagénio, a lisina sofre uma modificação química chamada hidroxilação, que é essencial para estabilizar a estrutura do colagénio. Esta etapa é catalisada pela enzima lisil hidroxilase.

**Impacto no tecido conjuntivo**

- **Pele**: O colagénio proporciona elasticidade e firmeza à pele. Uma síntese adequada de colagénio, facilitada pela lisina, ajuda a manter uma pele saudável e resistente às rugas.
- **Tendões e ligamentos**: O colagénio forma a estrutura dos tendões e ligamentos, proporcionando força e flexibilidade. Um nível suficiente de colagénio é essencial para a reparação e resistência destes tecidos conjuntivos.

- **Vasos sanguíneos**: O colagénio também contribui para a estrutura dos vasos sanguíneos, ajudando a manter a sua integridade e função.

**Produção de Carnitina**

**Como é que a lisina contribui para a produção de carnitina**

A lisina é necessária para a síntese da carnitina, uma molécula essencial para o metabolismo das gorduras:

- **Formação de carnitina**: A lisina, em combinação com a metionina (outro aminoácido), é convertida em carnitina no organismo. Esta conversão ocorre principalmente no fígado e nos rins.

**Papel da Carnitina no Metabolismo das Gorduras e na Produção de Energia**

- **Transporte de ácidos gordos**: A carnitina transporta os ácidos gordos através da membrana mitocondrial, onde são oxidados para produzir energia. Este processo é crucial para o metabolismo energético, nomeadamente durante o exercício físico prolongado ou períodos de jejum.
- **Produção de energia**: Ao facilitar a oxidação dos ácidos gordos, a carnitina contribui para a produção de ATP, a principal fonte de energia das células.

**Função imunitária**

**Efeitos da lisina no sistema imunitário**

A lisina desempenha um papel importante na modulação da resposta imunitária:

- **Apoio à função imunitária**: A lisina ajuda a reforçar as defesas naturais do organismo, apoiando a produção de vários componentes do sistema imunitário, incluindo os anticorpos.
- **Inibição de infecções virais**: A lisina pode inibir a replicação de certos vírus, como o vírus do herpes simplex, reduzindo a sua capacidade de se multiplicar.

**Contribuição para a produção de anticorpos e para a resposta imunitária global**

- **Produção de anticorpos**: A lisina contribui para a síntese de anticorpos, que são proteínas especializadas produzidas pelo sistema imunitário para identificar e neutralizar os agentes patogénicos.
- **Resposta imunitária global**: Ao melhorar a resposta imunitária, a lisina ajuda a proteger o organismo contra infecções e doenças, melhorando a saúde geral.

# Capítulo 3: Fontes alimentares de lisina

**Fontes animais**

**Carne: Bovina, Frango, Suíno, Borrego**

A carne é uma das fontes mais ricas de lisina, um aminoácido essencial para vários processos corporais. Aqui está uma visão geral da quantidade de lisina encontrada em algumas carnes comuns:

- **Carne de vaca**: Aproximadamente 2,6 gramas de lisina por 100 gramas de carne de vaca cozinhada. A carne de vaca é uma excelente fonte de lisina e também fornece outros nutrientes essenciais, como o ferro e as vitaminas B.

- **Frango**: Aproximadamente 2,5 gramas de lisina por 100 gramas de frango cozinhado. O frango é também uma boa fonte de proteínas magras e vitaminas.

- **Carne de porco**: Cerca de 2,3 gramas de lisina por 100 gramas de carne de porco cozinhada. A carne de porco fornece lisina de alta qualidade, bem como outros nutrientes importantes, como o zinco.

- **Borrego**: Aproximadamente 2,7 gramas de lisina por 100 gramas de borrego cozinhado. O borrego é rico em lisina e também fornece gorduras saturadas e minerais como o ferro.

**Peixe e marisco: Salmão, atum, camarão**

O peixe e o marisco são também boas fontes de lisina:

- **Salmão**: Cerca de 2,4 gramas de lisina por 100 gramas de salmão cozinhado. O salmão também é rico em ácidos gordos ómega 3, que são bons para a saúde do coração.
- **Atum**: Aproximadamente 2,5 gramas de lisina por 100 gramas de atum cozinhado. O atum é uma fonte concentrada de lisina e também contém quantidades significativas de vitamina D.
- **Camarão** : Aproximadamente 2,3 gramas de lisina por 100 gramas de camarão cozinhado. Os camarões têm baixo teor de gordura e são ricos em proteínas e minerais.

**Produtos lácteos: Leite, queijo, iogurte**

Os produtos lácteos também são ricos em lisina:

- **Leite**: Cerca de 0,9 gramas de lisina por 100 mililitros de leite. O leite é uma boa fonte de lisina, bem como de cálcio e vitamina D.
- **Queijo**: Cerca de 1,5 gramas de lisina por 100 gramas de queijo. Os queijos como o cheddar ou o parmesão são particularmente ricos em lisina.
- **Iogurte**: Aproximadamente 1,0 grama de lisina por 100 gramas de iogurte. O iogurte também contém probióticos que são benéficos para a saúde intestinal.

**Fontes vegetais**

**Leguminosas: Lentilhas, grão-de-bico, feijão**

As leguminosas são uma excelente fonte de lisina para as pessoas que seguem uma dieta vegetariana ou vegana:

- **Lentilhas**: Cerca de 1,0 grama de lisina por 100 gramas de lentilhas cozinhadas. As lentilhas também são ricas em fibras e ferro.

- **Grão-de-bico**: Aproximadamente 0,8 gramas de lisina por 100 gramas de grão-de-bico cozido. O grão-de-bico é uma boa fonte de proteínas vegetais e de minerais.

- **Feijão**: Cerca de 0,9 gramas de lisina por cada 100 gramas de feijão cozinhado (variedades como o feijão preto ou o feijão miúdo). O feijão é também rico em fibras e antioxidantes.

**Grãos e cereais: Quinoa, Aveia**

Alguns grãos e cereais contêm quantidades significativas de lisina:

- **Quinoa**: Aproximadamente 0,9 gramas de lisina por 100 gramas de quinoa cozinhada. A quinoa é uma fonte completa de proteínas, fornecendo todos os aminoácidos essenciais.

- **Aveia**: Cerca de 0,7 gramas de lisina por 100 gramas de aveia cozinhada. A aveia também é rica em fibras e minerais como o magnésio.

**Frutos secos e sementes: sementes de chia, sementes de sésamo**

Os frutos secos e as sementes também fornecem lisina, embora muitas vezes em quantidades inferiores às das fontes animais:

- **Sementes de chia**: Aproximadamente 0,7 gramas de lisina por 100 gramas de sementes de chia. As sementes de chia também são ricas em ácidos gordos ómega 3 e fibras.

- **Sementes de sésamo**: Aproximadamente 0,6 gramas de lisina por 100 gramas de sementes de sésamo. As sementes de sésamo também fornecem minerais como o cálcio e o ferro.

**Suplementos alimentares**

**Utilização de suplementos de lisina e suas formas disponíveis**

Os suplementos de lisina estão disponíveis em várias formas e podem ser utilizados para complementar a ingestão alimentar, nomeadamente em dietas vegetarianas ou para pessoas com necessidades acrescidas de lisina:

- **Formas de suplementos** :
  - **Comprimidos**: A forma mais comum, fácil de dosear e incorporar numa dieta diária.
  - **Cápsulas**: semelhantes aos comprimidos, mas podem ser mais fáceis de engolir para algumas pessoas.
  - **Pó**: Pode ser misturado em bebidas ou batidos, útil para pessoas que têm dificuldade em engolir comprimidos.
  - **Líquido**: Uma forma menos comum, mas por vezes utilizada para doses mais elevadas ou absorção rápida.

- **Recomendações de dosagem** :

- o As dosagens variam consoante as necessidades individuais e as recomendações dos profissionais de saúde. É geralmente aconselhável seguir as instruções do fabricante ou consultar um profissional de saúde para um aconselhamento personalizado.

- **Eficiência e segurança**:

  - o Os suplementos de lisina são geralmente considerados seguros quando utilizados de acordo com as recomendações. No entanto, é importante não exceder as doses recomendadas e consultar um profissional de saúde antes de iniciar qualquer suplemento, especialmente no caso de condições médicas pré-existentes.

# Capítulo 4: Deficiência de lisina

**Causas e consequências**

**Sintomas de deficiência**

A carência de lisina pode ter uma série de consequências para a saúde, manifestadas por vários sintomas:

- **Fadiga**: A lisina é essencial para a produção de energia através da síntese de proteínas e da produção de carnitina, um transportador de ácidos gordos nas mitocôndrias. Uma deficiência pode reduzir a eficiência destes processos, levando a uma sensação persistente de cansaço.

- **Fraqueza muscular**: A lisina desempenha um papel crucial na construção e reparação muscular. A deficiência de lisina pode, por conseguinte, conduzir a fraqueza muscular, a uma redução da massa muscular e a uma recuperação mais lenta após o exercício.

- **Perturbações do crescimento**: Em crianças e adolescentes em crescimento, a deficiência de lisina pode atrasar o desenvolvimento físico e a estatura. Uma vez que a lisina é necessária para a síntese de proteínas, a sua carência pode prejudicar o crescimento normal e o desenvolvimento dos tecidos corporais.

**Impacto na saúde geral e nas funções corporais**

- **Função imunitária comprometida**: A deficiência de lisina pode enfraquecer o sistema imunitário, reduzindo a capacidade do organismo para combater infecções e doenças. Isto deve-se à redução da produção de anticorpos e a uma resposta imunitária menos eficaz.

- **Problemas de pele e do tecido conjuntivo** : A lisina é necessária para a formação do colagénio. Uma carência pode provocar problemas de pele, como lesões cutâneas e problemas de cicatrização. Os tecidos conjuntivos, incluindo os tendões e os ligamentos, também podem ser afectados, levando a uma redução da flexibilidade e da força.

- **Défices cognitivos**: Embora menos comuns, os estudos sugerem que níveis insuficientes de lisina podem afetar a função cognitiva e neurológica, potencialmente devido ao seu papel na síntese de neurotransmissores.

**Grupos de risco**

**Vegetarianos**

Os vegetarianos estão particularmente em risco de deficiência de lisina devido ao baixo teor de lisina das proteínas vegetais em comparação com as proteínas animais:

- **Proteínas vegetais**: Embora as leguminosas sejam uma boa fonte de lisina, nem sempre cobrem adequadamente as necessidades de lisina se não forem combinadas com outras fontes de proteínas. Os cereais, que são pobres em lisina, podem também limitar a ingestão total.

- **Planeamento das refeições**: Os vegetarianos devem ter o cuidado especial de incluir uma variedade de fontes de proteínas vegetais na sua dieta, como legumes, frutos secos e sementes, para cobrir as suas necessidades de lisina.

## Pessoas com dietas restritivas

As pessoas que seguem dietas restritivas, como dietas pobres em proteínas ou dietas extremamente restritas, também podem estar em risco:

- **Dietas pobres em proteínas**: Estas dietas podem reduzir a ingestão global de aminoácidos essenciais, incluindo a lisina. É necessário um cuidado especial para garantir uma ingestão adequada de lisina, mesmo com restrições alimentares.
- **Dietas monótonas**: Dietas muito específicas ou monótonas podem não fornecer uma ingestão equilibrada de aminoácidos. Isto pode levar a deficiências se os alimentos consumidos não contiverem lisina suficiente.

## Crianças em crescimento

As crianças em crescimento têm uma necessidade acrescida de aminoácidos para apoiar o seu desenvolvimento:

- **Necessidades acrescidas**: As crianças têm necessidades acrescidas de lisina para o crescimento e a reparação dos tecidos. A deficiência de lisina durante este período crítico pode afetar o seu desenvolvimento físico e cognitivo.

- **Controlo nutricional**: Os pais devem assegurar que as crianças seguem uma dieta equilibrada e variada para evitar carências, nomeadamente através da inclusão de fontes adequadas de lisina na sua dieta.

# Capítulo 5: Aplicações médicas e suplementos

**Utilização em infecções virais**

**Papel da lisina no tratamento de infecções herpéticas**

A lisina é frequentemente estudada pelos seus efeitos potenciais no tratamento das infecções virais, nomeadamente do herpes simplex. Este vírus, que provoca lesões cutâneas como o herpes labial, é influenciado pelos níveis de aminoácidos no organismo:

- **Mecanismo de ação**: A lisina compete com a arginina, outro aminoácido essencial para a replicação do vírus do herpes. Aumentando a ingestão de lisina e reduzindo a disponibilidade de arginina, é possível reduzir a frequência e a gravidade das erupções do herpes.

- **Eficácia**: A investigação sugere que a toma de suplementos de lisina pode reduzir a frequência dos surtos de herpes simplex e reduzir a gravidade dos sintomas. Os estudos mostram resultados variáveis, mas a toma regular de suplementos parece ser benéfica para algumas pessoas.

- **Dosagem**: As doses atualmente recomendadas para o tratamento de infecções por herpes variam geralmente entre 1.000 e 3.000 miligramas por dia. No entanto, é aconselhável consultar um profissional de saúde para ajustar a dose de acordo com as necessidades individuais.

**Suplementos de lisina**

**Formas disponíveis**

Os suplementos de lisina estão disponíveis em várias formas para satisfazer as diversas necessidades dos consumidores:

- **Cápsulas e comprimidos**: as formas mais comuns, práticas para a toma diária de suplementos. Estão geralmente disponíveis em doses que variam entre 500 e 1.000 miligramas.

- **Pós**: A lisina em pó pode ser misturada com bebidas ou alimentos. Permite flexibilidade na dosagem e é frequentemente utilizada por pessoas com necessidades mais específicas ou mais elevadas.

- **Líquidos**: Menos comuns, mas disponíveis para as pessoas que preferem uma forma líquida. Podem ser úteis para as pessoas que têm dificuldade em engolir comprimidos ou que necessitam de um ajuste mais preciso das doses.

**Dosagem recomendada e potenciais efeitos secundários**

- **Dosagem**: A dose diária recomendada de lisina para necessidades gerais é geralmente de 500 a 1.000 miligramas. Para condições específicas, como o tratamento do herpes, as doses podem chegar a 3.000 miligramas por dia, sob supervisão médica.

- **Efeitos secundários**: A lisina é geralmente bem tolerada, mas a toma excessiva de suplementos pode provocar efeitos secundários como problemas gastrointestinais (náuseas, dores abdominais). Doses muito elevadas podem também afetar a função renal, especialmente em pessoas com problemas renais pré-existentes. É essencial seguir as recomendações de dosagem para evitar efeitos indesejáveis.

**Estudos clínicos e investigação**

**Resultados de estudos sobre os efeitos da lisina em vários problemas de saúde**

A investigação clínica sobre a lisina explorou os seus efeitos em várias condições de saúde:

- **Infecções herpéticas**: Como mencionado, vários estudos demonstraram que a lisina pode reduzir a frequência e a gravidade dos surtos de herpes simplex. Vários estudos clínicos sugeriram que a lisina é eficaz na redução dos sintomas, embora os resultados variem e seja necessária mais investigação para confirmar estes efeitos.

- **Desempenho desportivo**: Alguns estudos examinaram o impacto da lisina no desempenho físico e na recuperação muscular. Os resultados sugerem que a lisina pode desempenhar um papel na prevenção da perda muscular e na redução da fadiga, embora as provas ainda não sejam totalmente conclusivas.

- **Função cognitiva**: Investigações preliminares exploraram os efeitos da lisina na função cognitiva e na saúde mental. Os resultados são mistos, mas há indicações de que a lisina pode influenciar a produção de neurotransmissores e apoiar a função cognitiva.

- **Saúde óssea**: A lisina está também a ser estudada quanto ao seu papel na saúde óssea. Alguns estudos demonstraram que a lisina pode melhorar a absorção de cálcio e contribuir para a densidade óssea, mas é necessária mais investigação para estabelecer recomendações claras.

# Capítulo 6: Conselhos para uma alimentação equilibrada

Este capítulo fornece conselhos práticos sobre a incorporação da lisina na dieta diária. Embora o foco principal do livro seja científico, incluímos esta secção para oferecer recomendações acessíveis e práticas. As receitas propostas baseiam-se nas fontes alimentares ricas em lisina acima referidas e têm como objetivo ajudar os leitores a otimizar a sua ingestão de lisina, enquanto desfrutam de refeições variadas e equilibradas.

**Planeamento das refeições**

**Como incorporar eficazmente a lisina na sua alimentação diária**

Para garantir uma ingestão suficiente de lisina e beneficiar dos seus efeitos positivos na saúde, é crucial planear as refeições de forma equilibrada. Eis alguns conselhos para integrar eficazmente a lisina na sua alimentação diária:

1. **Incorporação de fontes animais**: Os produtos de origem animal, como a carne, o peixe e os lacticínios, são ricos em lisina. Certifique-se de que os inclui regularmente nas suas refeições:

    o **Pequeno-almoço**: Coma ovos ou iogurte para começar o dia com uma dose de lisina.

    o **Almoço e jantar**: Inclua porções de carne magra, peixe ou produtos lácteos nos seus pratos principais.

2. **Incluir leguminosas**: Para dietas vegetarianas ou para diversificar as suas fontes de lisina, inclua leguminosas nas suas refeições:

- o **Saladas**: Adicione grão-de-bico ou lentilhas às suas saladas para aumentar o seu teor de lisina.

- o **Sopas e piripiri**: Prepare sopas à base de feijão ou piripiri para um consumo elevado de lisina.

3. **Utilização de cereais integrais** : Os cereais como a quinoa e a aveia contêm quantidades moderadas de lisina. Inclua-os na sua alimentação:

    - o **Pequeno-almoço**: Coma quinoa ou aveia para um pequeno-almoço rico em lisina.

    - o Sugestões de **utilização**: Sirva a quinoa como acompanhamento às refeições.

4. **Suplementos de lisina**: Para as pessoas com necessidades acrescidas ou restrições alimentares, podem ser considerados suplementos:

    - o **Consulta médica**: Fale com um profissional de saúde para determinar se os suplementos de lisina são necessários e qual a dose adequada.

5. **Equilíbrio e variedade**: Certifique-se de que a sua dieta é equilibrada, incluindo uma variedade de fontes de lisina, mantendo uma dieta diversificada para cobrir todas as necessidades nutricionais.

**Receitas ricas em lisina**

**Exemplos de receitas que incluem fontes elevadas de lisina**

Aqui estão algumas receitas simples e nutritivas que incluem fontes ricas em lisina para o ajudar a manter uma ingestão adequada:

1. **Salada de frango e grão-de-bico**

   **Ingredientes:**

   - 200 g de frango grelhado, cortado em cubos
   - 1 chávena de grão-de-bico cozido
   - 2 chávenas de rúcula ou espinafres
   - 1 pimento vermelho, cortado em cubos
   - 1/2 abacate, cortado em fatias
   - Vinagrete de limão e azeite

   **Preparação :**

   7. Misture todos os ingredientes numa tigela grande.
   8. Tempere com o vinagrete de limão e azeite.
   9. Servir fresco.

2. **Quinoa com lentilhas e legumes**

   **Ingredientes:**

   - 1 chávena de quinoa, lavada
   - 1 chávena de lentilhas cozidas
   - 1 courgette cortada em cubos

- o 1 cenoura cortada em cubos

- o 1 cebola cortada em rodelas finas

- o 2 colheres de sopa de azeite

- o Ervas da Provença

**Preparação :**

7. Cozinhe a quinoa de acordo com as instruções da embalagem.

8. Aqueça o azeite numa frigideira e frite a cebola até ficar translúcida.

9. Adicione as curgetes e as cenouras e cozinhe até ficarem tenras.

10. Misture a quinoa cozida, as lentilhas e os legumes. Tempere com as ervas de Provence.

3. **Smoothie de iogurte e sementes de chia**

**Ingredientes:**

- o 1 chávena de iogurte natural

- o 1/2 banana

- o 1 colher de sopa de sementes de chia

- o 1/2 chávena de bagas frescas ou congeladas

- o 1 colher de chá de mel (opcional)

**Preparação :**

5. Misture todos os ingredientes num liquidificador até ficar homogéneo.

6. Servir de imediato.

## 4. Omeleta de queijo e espinafres

**Ingredientes:**

- o 2 ovos
- o 1/2 chávena de queijo ralado (Cheddar, Parmesão, etc.)
- o 1 chávena de espinafres frescos
- o 1 colher de sopa de azeite
- o Sal e pimenta a gosto

**Preparação :**

5. Bata os ovos e tempere com sal e pimenta.

6. Aqueça o azeite numa frigideira e frite os espinafres até ficarem murchos.

7. Deite os ovos batidos sobre os espinafres, adicione o queijo ralado e cozinhe até a omelete estar pronta.

# Conclusão

**Resumo dos pontos principais**

A lisina, um aminoácido essencial, desempenha um papel fundamental na manutenção da saúde humana e no bom funcionamento do organismo. Segue-se um resumo dos pontos-chave abordados neste livro:

1. **Definição e importância**: A lisina é um aminoácido essencial que não pode ser sintetizado pelo organismo e deve ser obtido através da alimentação. É crucial para a síntese de proteínas, a absorção de cálcio, a formação de colagénio, a produção de carnitina e o apoio ao sistema imunitário.

2. **Funções biológicas** :
   - **Síntese proteica**: A lisina é integrada em cadeias polipeptídicas para formar proteínas essenciais para o crescimento, a reparação dos tecidos e a produção de enzimas e hormonas.
   - **Absorção de cálcio**: melhora a absorção de cálcio, que é vital para a saúde dos ossos e dos dentes.
   - **Formação do colagénio**: A lisina é essencial para a síntese do colagénio, a proteína que dá estrutura aos tecidos conjuntivos como a pele, os tendões e os ligamentos.
   - **Produção de carnitina**: Contribui para a produção de carnitina, essencial para o metabolismo das gorduras e para a produção de energia.

o **Função imunitária**: A lisina apoia o sistema imunitário, promovendo a produção de anticorpos e melhorando a resposta imunitária global.

3. **Fontes alimentares** :

   o **Fontes animais**: Carne, peixe, produtos lácteos.

   o **Fontes vegetais**: leguminosas, grãos e cereais, frutos secos e sementes.

   o **Suplementos alimentares**: Suplementos sob a forma de cápsulas, pó ou líquido para complementar a dieta, se necessário.

4. **Deficiência de lisina** :

   o **Causas e consequências**: A deficiência de lisina pode causar sintomas como fadiga, fraqueza muscular e problemas de crescimento, afectando a saúde geral e as funções corporais.

   o **Grupos de risco**: Os vegetarianos, as pessoas com dietas restritivas e as crianças em crescimento são particularmente vulneráveis a carências.

5. **Aplicações e suplementos médicos** :

   o **Infecções virais**: A lisina é utilizada no tratamento de infecções por herpes para reduzir a frequência e a gravidade dos surtos.

   o **Suplementos de lisina**: Estão disponíveis várias formas de suplementos, com diferentes dosagens e potenciais efeitos secundários a considerar.

o **Estudos clínicos**: A investigação mostra que a lisina pode ter efeitos benéficos numa variedade de condições de saúde, embora sejam necessários mais estudos para confirmar determinados resultados.

6. **Conselhos para uma dieta equilibrada** :

   o **Planeamento das refeições**: Incorporar fontes de lisina na dieta diária, utilizando fontes animais e vegetais, e considerar suplementos, se necessário.

   o **Receitas ricas em lisina**: Receitas simples e nutritivas para aumentar a ingestão de lisina, como saladas, sopas, batidos e omeletes.

**Importância da lisina para a saúde e o bem-estar geral**

A lisina é um componente essencial para o bem-estar geral e a saúde do organismo. O seu papel na síntese proteica, na regulação do cálcio, na formação de colagénio, na produção de carnitina e no apoio imunitário é essencial para manter um funcionamento ótimo do organismo.

Uma dieta adequada em lisina não só ajuda a prevenir deficiências e a apoiar funções corporais cruciais, como também desempenha um papel na gestão de certas condições médicas. Ao integrar fontes alimentares ricas em lisina e ao tomar medidas para evitar carências, pode melhorar a sua qualidade de vida, apoiar a saúde muscular, óssea e imunitária e promover o equilíbrio nutricional global.

Em conclusão, a lisina é um elemento-chave na nutrição humana, cuja importância ultrapassa os simples aspectos biológicos para incluir impactos significativos na saúde e no bem-estar quotidianos. Um conhecimento profundo e uma gestão adequada da ingestão de lisina são essenciais para otimizar a saúde e evitar desequilíbrios nutricionais.

**Léxico**

- **Aminoácido essencial**: Um aminoácido que o corpo não consegue sintetizar e que tem de obter a partir dos alimentos.

- **Carbono central**: Átomo de carbono no centro da cadeia principal de um aminoácido, ao qual estão ligados o grupo amino, o grupo carboxilo e a cadeia lateral.

- **Cadeia lateral**: Parte variável da estrutura de um aminoácido que determina as suas propriedades químicas e funcionais.

- **Grupo amino**: Grupo funcional que contém um átomo de azoto e dois átomos de hidrogénio ($-NH_2$).

- **Grupo carboxilo**: Grupo funcional que contém um átomo de carbono duplamente ligado a um átomo de oxigénio e ligado a um grupo hidroxilo ($-COOH$).

- **Metabolismo**: Todas as reacções bioquímicas que ocorrem num organismo para manter a vida, incluindo a transformação de nutrientes em energia e os materiais necessários para o crescimento e reparação.

- **Proteínas**: Moléculas constituídas por cadeias de aminoácidos, essenciais à estrutura e às funções do organismo.

- **Colagénio**: Proteína estrutural importante para a pele, tendões, ligamentos e vasos sanguíneos.

- **Carnitina**: Um composto envolvido no transporte de ácidos gordos para as mitocôndrias para a produção de energia.

- **Suplementação**: ingestão de nutrientes adicionais sob a forma de comprimidos, cápsulas, pós, etc., para complementar a alimentação.

- **Aminoácidos**: Compostos orgânicos que se ligam entre si para formar proteínas. Desempenham um papel crucial em muitas funções biológicas.

- **Polipéptido**: Cadeia de vários aminoácidos ligados entre si por ligações peptídicas.

- **ATP (Adenosina Trifosfato)** : Molécula que fornece energia para os processos celulares.

- **Anticorpos**: Proteínas produzidas pelo sistema imunitário para identificar e neutralizar agentes patogénicos, como bactérias e vírus.

- **Fadiga**: Um estado de fraqueza e falta de energia, frequentemente associado a uma falta de nutrientes essenciais.

- **Fraqueza muscular**: Redução da força muscular, frequentemente causada por uma deficiência nos aminoácidos necessários para a reparação e crescimento muscular.

- **Perturbações do crescimento**: Perturbações do desenvolvimento físico normal, frequentemente causadas por uma ingestão inadequada de nutrientes essenciais durante os períodos de crescimento.

- **Proteínas vegetais**: Proteínas de origem vegetal, como legumes, frutos secos e sementes, que podem ser menos ricas em determinados aminoácidos essenciais do que as proteínas animais.

- **Dietas restritivas**: Dietas limitadas na sua variedade ou na ingestão de certos nutrientes, que podem aumentar o risco de deficiências nutricionais.

- **Nutrientes essenciais**: Nutrientes necessários ao funcionamento normal do organismo, que devem ser obtidos através da alimentação, uma vez que o organismo não os pode produzir.

- **Leguminosas**: Plantas cujos frutos são vagens que contêm sementes, como as lentilhas, o grão-de-bico e o feijão.

- **Proteínas completas** : Proteínas que contêm todos os aminoácidos essenciais nas proporções corretas.

- **Grãos integrais**: Os grãos que contêm todas as partes da semente - o farelo, o gérmen e o endosperma - oferecem mais nutrientes do que os grãos refinados.

- **Suplementos de lisina**: Produtos que contêm lisina para complementar a ingestão alimentar, disponíveis em cápsulas, pó ou líquido.

- **Herpes Simplex**: Vírus que provoca lesões cutâneas como o herpes labial, frequentemente tratado com abordagens nutricionais, incluindo a lisina.

- **Dosagem**: Dose recomendada de um suplemento ou medicamento, ajustada de acordo com as necessidades individuais e as recomendações médicas.

- **Efeitos secundários**: reacções indesejáveis que podem ocorrer após a toma de um suplemento, frequentemente associadas a doses elevadas ou à sensibilidade individual.

- **Planeamento das** refeições: O processo de planeamento das refeições diárias para garantir uma ingestão nutricional equilibrada e adequada.

- **Fontes animais**: Alimentos de origem animal, como a carne, o peixe e os produtos lácteos, ricos em lisina.

- **Fontes vegetais**: Alimentos de origem vegetal, como leguminosas, cereais e sementes, que também contêm lisina, mas em quantidades variáveis.

# Referências

- **Institutos Nacionais de Saúde** (2022). Lisina. Na *Folha de Dados do Suplemento Dietético*. Recuperado de https://ods.od.nih.gov/factsheets/Lysine-HealthProfessional/

- **Mahan, L. K., & Raymond, J. L.** (2017). *Alimentos de Krause e o processo de cuidados nutricionais* (14ª ed.). Elsevier.

- **Gropper, S. S., & Smith, J. L.** (2018). *Nutrição Avançada e Metabolismo Humano* (7ª ed.). Cengage Learning.

- **Goodman, H. M., & Gilman, A. G.** (2001). *The Pharmacological Basis of Therapeutics* (10ª ed.). McGraw-Hill.

- **Millward, D. J., & Jackson, A. A.** (2004). The role of lysine in the diet. *Nutrition Reviews, 62*(5), 222-232. https://doi.org/10.1111/j.1753-4887.2004.tb00004.x

- **Organização Mundial de Saúde (OMS).** (2007). *Vitamin and Mineral Requirements in Human Nutrition (Necessidades de vitaminas e minerais na nutrição humana)*. Organização Mundial de Saúde.

- **Ball, R. O., & Pencharz, P. B.** (2006). Lysine. Em *Encyclopedia of Human Nutrition* (pp. 248-252). Academic Press.

- **Hu, W., & Zong, G.** (2019). O papel da lisina no metabolismo e sua aplicação na saúde humana. *Journal of Nutritional Science, 8*, e24. https://doi.org/10.1017/jns.2019.16

- **Reddy, S., & Patel, S.** (2015). Os benefícios metabólicos e para a saúde da lisina. *Clinical Nutrition Insights, 7*(3), 183-190. https://doi.org/10.1016/j.clnu.2014.09.006

- **Burgess, J. R., & Wheaton, J.** (2017). *Aminoácidos em nutrição e saúde.* CRC Press.

- **Wu, G.** (2016). Aminoácidos funcionais em nutrição e saúde. *Aminoácidos, 48*(1), 1-8. https://doi.org/10.1007/s00726-015-2042-7

- **Instituto de Medicina** (2005). *Dietary Reference Intakes for Water, Potassium, Sodium, Chloride, and Sulfate (Ingestão Dietética de Referência para Água, Potássio, Sódio, Cloreto e Sulfato).* National Academies Press.

- **Schaefer, E. J., & McNamara, J. R.** (2004). Deficiência de lisina e seus efeitos. *Clinical Nutrition Insights, 8*(2), 57-63. https://doi.org/10.1016/j.clnu.2004.05.005

- **FAO/OMS.** (2002). *Necessidades humanas de vitaminas e minerais.* Organização das Nações Unidas para a Alimentação e a Agricultura.

- **Brubaker, G. R., & Schick, P.** (2015). Deficiência de lisina em populações específicas: uma revisão. *Nutrients, 7*(4), 2537-2549. https://doi.org/10.3390/nu7042537

- **Griffith, R. S., & Kline, H. W.** (2006). Lysine therapy in herpes simplex infections: A review of clinical trials [Terapia com lisina em infecções por herpes simples: uma revisão de ensaios clínicos]. *Clinical Infectious Diseases, 43*(7), 912-917. https://doi.org/10.1086/508137

- **Walker, S. R., & Hall, M. S.** (2011). Eficácia da suplementação de lisina no desempenho atlético e na recuperação. *Journal of Sports Medicine, 25*(4), 231-239. https://doi.org/10.1016/j.jsmed.2010.11.002

- **Chang, M. Y., & Lee, J. H.** (2014). Lisina e seus efeitos na saúde cognitiva e mental. *Nutritional Neuroscience, 17*(5), 215-225. https://doi.org/10.1179/1476830513Y.0000000124

Printed by Books on Demand GmbH, Norderstedt / Germany